Schriften
der Straßburger Wissenschaftlichen Gesellschaft in Heidelberg
Neue Folge 1. Heft

Die Harmonie in der Entwicklung der Organismen

Rede, gehalten in der zwölften Jahresversammlung
der Wissenschaftlichen Gesellschaft in Straßburg
Samstag, 13. Juli 1918

Von

Franz Keibel

Mit 8 Abbildungen

BERLIN UND LEIPZIG 1920
VEREINIGUNG WISSENSCHAFTLICHER VERLEGER
WALTER DE GRUYTER & CO.
VORMALS G. J. GÖSCHEN'SCHE VERLAGSHANDLUNG — J. GUTTENTAG, VERLAGSBUCHHANDLUNG — GEORG REIMER — KARL J. TRÜBNER — VEIT & COMP.

Die am 6. Juli 1906 gegründete Straßburger Wissenschaftliche Gesellschaft, die 1919 ihren Sitz nach Heidelberg verlegt hat und Vertreter aller Zweige der Wissenschaft umfaßt, veröffentlicht wissenschaftliche Arbeiten verschiedenen Inhalts und Umfangs, die in zwangloser Folge erscheinen und einzeln käuflich sind. Eine Zusammenfassung in Bänden ist nicht beabsichtigt. Von der ersten Reihe dieser Schriften sind 37 Hefte erschienen; im Jahe 1920 ist eine neue Folge begonnen worden.

Schriften
der Straßburger Wissenschaftlichen Gesellschaft in Heidelberg
Neue Folge 1. Heft

Die Harmonie in der Entwicklung der Organismen

Rede, gehalten in der zwölften Jahresversammlung
der Wissenschaftlichen Gesellschaft in Straßburg
Samstag, 13. Juli 1918

Von

Franz Keibel

Mit 8 Abbildungen

BERLIN UND LEIPZIG 1920
VEREINIGUNG WISSENSCHAFTLICHER VERLEGER
WALTER DE GRUYTER & CO.
VORMALS G. J. GÖSCHEN'SCHE VERLAGSHANDLUNG — J. GUTTENTAG, VERLAGSBUCHHANDLUNG — GEORG REIMER — KARL J. TRÜBNER — VEIT & COMP.

Die Harmonie
in der Entwicklung der Organismen

Rede, gehalten in der zwölften Jahresversammlung
der Wissenschaftlichen Gesellschaft in Straßburg
Samstag, 13. Juli 1918

Von

Franz Keibel

Mit 8 Abbildungen

BERLIN UND LEIPZIG 1920
VEREINIGUNG WISSENSCHAFTLICHER VERLEGER
WALTER DE GRUYTER & CO.
VORMALS G. J. GÖSCHEN'SCHE VERLAGSHANDLUNG — J. GUTTENTAG, VERLAGSBUCHHANDLUNG — GEORG REIMER — KARL J. TRÜBNER — VEIT & COMP.

Druck: Hermann Böhlaus Nachfolger, Hof-Buchdruckerei in Weimar.

Die Harmonie in der Entwicklung der Organismen.

Rede, gehalten in der zwölften Jahresversammlung
der Wissenschaftlichen Gesellschaft in Straßburg, Samstag, 13. Juli 1918.

Von

Franz Keibel.

(Mit 8 Abbildungen.)

„Vor etwa fünfundzwanzig Jahren, als die Naturwissenschaften eben wieder auf einem höchsten Gipfel standen, obgleich das Gesetz der natürlichen Zuchtwahl noch nicht bekannt war“, so beginnt Gottfried Keller sein Sinngedicht.

Als das Sinngedicht im Jahre 1883 erschien, stand Darwins Lehre von der natürlichen Zuchtwahl oder, wie man gewöhnlich sagt, vom Kampf ums Dasein in voller Blüte, sie erreichte mit Weismanns Lehre vom Keimplasma (43. 1892) und seiner Proklamation der Allmacht der Naturzüchtung (44. 1893) ihren Höhepunkt. Unserer Zeit war es vorbehalten, daß uns Hans Driesch (5) wieder zur Entelechienlehre des Aristoteles zurückführte. Der feine Spott des Dichters war also wohl berechtigt. — Die Flutwelle des Darwinismus ist vorbeigerauscht. — In den weitesten Kreisen der Biologen wendet man sich vom Darwinismus ab, wenn man auch nicht überall schon zu Aristoteles zurückkehrt und vielfach unschlüssig ist, wie man sich zu den großen theoretischen Fragen stellen soll.

Ich hebe hier, um jedes Mißverständnis auszuschließen, hervor, daß man die Lehre Darwins, den Darwinismus, nicht mit der Deszendenztheorie identifizieren darf. Die Lehre, daß einst anders gestaltete Tiere und Pflanzen unseren Planeten bevölkerten, und daß sich aus diesen die heutigen Bewohner des Erdballs herausgebildet haben, ist älter als der Darwinismus und wird ihn überdauern. Darwins Lehre gibt nur den Weg an, auf dem sich die Umgestaltung vollzogen haben soll. Es soll geschehen sein durch die natürliche Zuchtwahl, die durch die geschlechtliche Zuchtwahl unterstützt wurde. Die natürliche Zuchtwahl wirkt durch den Kampf ums Dasein. Indem alle Organismen miteinander um ihren Platz an der Sonne und ihre Nahrung kämpfen, bleiben die passendsten erhalten und pflanzen sich fort. Die geschlechtliche Zuchtwahl tritt demgegenüber durchaus zurück; ich will nicht weiter auf sie eingehen.

Auf Darwins Lehre bauten dann Wilhelm Roux (38. 39) und August Weismann (42—46) weiter. Unter dem Heraklitischen Motto: „*πόλεμος πατὴρ πάντων*“ schrieb Roux eine Abhandlung, welche er „den Kampf der Teile im Organismus“ nannte. Durch den Titel der zweiten Auflage dieser Abhandlung wird ihr Inhalt genauer angegeben. Dieser Titel lautet: „Der züchtende Kampf der Teile, oder die ‚Teilauslese‘ im Organismus.“ **Roux** erläutert ihn durch die Hinzufügung „zugleich eine Theorie der funktionellen Anpassung“. „Ein Beitrag zur Vervollständigung der Lehre von der mechanischen Entstehung des sogenannten ‚Zweckmäßigen‘.“

Sehr interessant und bezeichnend dafür, wie sehr Darwins Lehre damals viele Geister beherrschte, ist, was Roux über die Entstehung dieser Schrift angibt, er sagt: „Da diese Schrift eine theoretische Jugendschrift darstellt, die verfaßt wurde, als der Autor erst vor kurzem aus der naturwissenschaftlichen Jenenser Schule des ersten Quinquenniums der siebenziger Jahre, also aus dem Unterrichte Häckels, Gegenbaurs und Preyers hervorgegangen war, so ist es natürlich, daß die Lehren dieser Forscher die Grundlagen des Inhalts bilden. Ich muß gestehen“, fährt Roux fort, „daß letzteres in solchem Maße der Fall war, daß ich diese Schrift größtenteils unbewußt verfaßt habe; denn meist habe ich beim Absetzen des stenographierenden Stiftes nicht gewußt, was er eben geschrieben hatte.“

Nach Roux soll auch in den einzelnen Organismen, wie in der Umwelt, ein allgemeiner Kampf stattfinden. Die Organe, ja die einzelnen Zellen und die Teile der Zellen sollen miteinander um Raum und Nahrung kämpfen. So bleiben die kräftigsten oder, genauer gesagt, die den besonderen Verhältnissen am besten angepaßten Zellteile, Zellen und Organe übrig, und aus dem Kampfe geht der Organismus mit seiner wunderbaren Harmonie hervor.

Die Lehre von Wilhelm Roux ist von August Weismann (45) übernommen und von ihm in besonderer Weise weitergebildet worden. Weismann gibt den Kampf innerhalb der einzelnen Organismen in vollem Umfange zu, mißt ihm aber nicht die Bedeutung bei, welche Roux ihm zuschreibt. Nach Roux soll, entsprechend der Lehre Darwins, das, was durch den Kampf der Teile im einzelnen Organismus erreicht ist, durch Vererbung in den Nachkommen dieses Organismus erhalten bleiben; Weismann bestreitet die Vererbung erworbener Eigenschaften in vollem Umfange. So muß das, was durch den Kampf der Teile im Organismus erreicht ist, von jedem neuen Organismus wieder von neuem erworben werden — mit einer Ausnahme —.

Jeder Organismus baut sich nach Weismann[1]) aus zwei Bestandteilen auf, aus dem Soma, dem Körper, und aus dem Keim.

Alle Veränderungen des Körpers, mögen sie nun seine Organe oder seine einzelnen Zellen treffen, gehen mit dem Tode der Individuen verloren; anders ist es dagegen um die Veränderungen bestellt, die den Keim oder sagen wir gleich die Keimzellen treffen. Diese Veränderungen werden ihren Nachkommen übermittelt und kommen bei den ausgebildeten Organismen der nächsten Generation zur Geltung. In den Keimzellen der verschiedenen Organismen sind nun nach Weismann alle Eigenschaften durch bestimmte

---

[1]) Vgl. auch Nußbaum (33).

Strukturen ihres Plasmas determiniert. Diese Strukturen nennt Weismann das Idioplasma des Keimes, das Keimplasma. Das Keimplasma läßt er sich aufbauen aus den kleinsten lebenden Teilen, den Biophoren, aus diesen setzen sich größere Einheiten zusammen, welche Weismann Determinanten, Iden und Idanten nennt.

Bei der Entwicklung eines neuen Organismus aus einer Keimzelle verteilen sich bei den Zellteilungen, welche den neuen Organismus aus der Keimzelle entstehen lassen, diese Elemente in streng gesetzmäßiger Weise auf die verschiedenen Zellen. Die Zellteilungen verlaufen erbungleich, so bleibt schließlich nur den Geschlechtszellen die Summe aller Anlagen für den Gesamtorganismus erhalten; den Zellen, die den übrigen Körper aufbauen, werden nur einzelne Anlagen übermittelt.

Bei der ersten Teilung der Eizelle scheiden sich z. B. — wir sehen einmal von den Keimzellen ab — die Anlagen für die rechte und die linke Seite oder für die vordere und die hintere Hälfte des zukünftigen Organismus — dann die Anlagen für den Kopf und die Gliedmaßen, die Anlagen für die einzelnen Organe und Organteile bis hinab zu kleinen, gleichartigen Zellbezirken. Wir haben hier, wie das Weismann selbst hervorhebt, eine Präformationslehre in neuem Gewande.

Zwischen allen in der Keimzelle befindlichen Anlagen und Teilen von Anlagen, zwischen den Biophoren, Determinanten, Iden und Idanten findet nun nach Weismann ein Kampf ums Dasein statt, und das Resultat dieses Kampfes, der Germinalselektion, bedingt die Verschiedenheiten der aufeinanderfolgenden Generationen der Organismen. Es bedingt auch, daß die Nachkommen der einzelnen Arten verschieden werden — variieren, und nur diese Verschiedenheiten, nicht die Verschiedenheiten, welche von den Körperzellen, vom Soma, erworben werden, liefern das Material für den Kampf der Organismen ums Dasein.

Man hat die Lehre Weismanns einen Ultradarwinismus genannt und mit Recht. Darwin läßt neben dem Kampf ums Dasein zwischen Individuen derselben und verschiedener Arten für die Umgestaltung der Organismen auch noch die Vererbung erworbener Eigenschaften gelten, wie er sie von den älteren Deszendenztheoretikern, vor allem von Lamarck, übernommen hat; Weismann stellt jede Übertragung von durch das Soma oder seine Teile erworbenen Eigenschaften in Abrede. Solche erworbenen Eigenschaften sind nach ihm auch nicht auf den Keim übertragbar, er proklamiert die Allmacht der Naturzüchtung: „*πόλεμος πατὴρ πάντων.*“ —

Der Kampf ist der Vater aller Dinge.

Aus diesem allgemeinen Kampfe sollen sich all die Anpassungen im Innern der Organismen, die Anpassungen der Organismen untereinander und an die Umwelt erklären, die dem unbefangenen Beobachter so wunderbar harmonisch und zweckmäßig erscheinen.

Ich habe bereits eingangs gesagt, daß die Flutwelle des Darwinismus, der durch Weismann seine höchste Vollendung erfahren hat, schon seit längerer Zeit im Abebben ist. Hans Driesch (5 und in anderen Schriften) führt uns zur Entelechienlehre des Aristoteles zurück, und Oskar Hertwig (18), der aus der gleichen Jenenser Schule wie Roux hervorgegangen ist, hat jüngst ein großes Werk geschrieben, das den Titel führt: „Das Werden der Organismen, eine Widerlegung von Darwins Zufallstheorie" (1916).

Ich beabsichtige nicht, die Gesamtheit der sich hier darbietenden Streitfragen aufzurollen und der Entscheidung näherzuführen; ich möchte Ihnen nur über eine Anzahl neuerer, entwicklungsgeschichtlicher Untersuchungen berichten, welche in diesem Zusammenhange Bedeutung haben, und welche verstehen lassen, wie gerade aus den Reihen der Embryologen dem Darwinismus und seinem am weitesten gehenden Vertreter, Weismann, die Gegner erstanden sind.

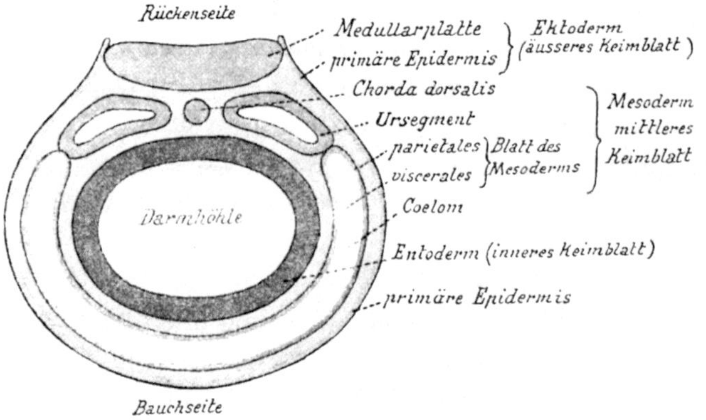

Fig. 1.

Ich beginne mit der Entwicklung des Nervensystems der Wirbeltiere.

Ich muß dabei etwas weiter ausholen. Es ist eine fundamentale Tatsache in der Entwicklung aller Wirbeltiere, daß sich in einem frühen Stadium ihre Zellen in drei Schichten anordnen. Man nennt diese Schichten, welche man als Primitivorgane auffaßt, die drei Keimblätter und bezeichnet das zu äußerst gelegene als das äußere Keimblatt, das Ektoderm, die beiden anderen als das mittlere Keimblatt, das Mesoderm, und das innere Keimblatt, das Entoderm. Von diesen drei Keimblättern gliedert sich das äußere und mittlere sehr frühzeitig, während das innere noch längere Zeit einheitlich bleibt. Ein schematischer Querschnitt durch einen Wirbeltierembryo in diesem Stadium, wie ihn Fig. 1 gibt, wird die Verhältnisse besser klarlegen als eine langatmige Schilderung. In dem äußeren Keimblatt sieht man der dorsalen, der Rückenseite des Embryo entsprechend, eine quer getroffene, stark verdickte Platte. Es ist die Medullarplatte, die Anlage des gesamten Nervensystems, die außerordentlich früh deutlich wird. Rechts und links geht diese Platte in den übrigen Teil des äußeren Keimblattes, des Ektoderms über, den wir jetzt als primäre Epidermis bezeichnen können.

Reicher ist die Gliederung des mittleren Keimblattes, des Mesoderms. Sein in der Mitte unter der Anlage des Nervensystems gelegener Teil ist zu einem am Kopf- und Schwanzende spitz endigenden rundlichen Stabe geworden, zur Rückenseite, der Chorda dorsalis. Die Chorda dorsalis ist die Vorläuferin des gegliederten Achsenskelettes, das Ihnen als Wirbelsäule bekannt ist.

Rechts und links von dem Querschnitte der Chorda dorsalis, zum Teil noch unter den Seitenteilen der Anlage des Nervensystems, der Medullarplatte, gelegen, findet man die Querschnitte eines Ursegmentpaares. Dieser Teil des Mesoderms ist in craniocaudaler Richtung gegliedert. Wir haben also rechts wie links eine Reihe von Ursegmenten. In jedem Segment ist ein Hohlraum, die Ursegmenthöhle. Aus den Wänden dieses Hohlraums geht die Skelettmuskulatur des Körpers, das Bindegewebe und der uropoëtische Apparat hervor. Die gesamte Skelettmuskulatur ist zunächst den Ursegmenten entsprechend segmental gegliedert. Nur ein kleiner Teil der Muskulatur behält diese Gliederung bei, der größere verschmilzt zu ausgedehnteren Komplexen. An die Ursegmente schließt sich lateral und ventral der übrige Teil des mittleren Keimblattes, er ist unsegmentiert, aber in zwei Schichten aufgespalten, in eine äußere Schicht, welche dem Ektoderm folgt, und in eine innere Schicht, welche sich an das innere Keimblatt, das Entoderm anlegt. Zwischen diesen beiden Schichten, welche man als das parietale und das viszerale Blatt des Mesoderms bezeichnet, findet man einen Spaltraum, das Coelom. Dieser Spaltraum trennt also die Anlage des Darms von der äußeren Körperwand. Er ist von der größten Bedeutung; gehen doch aus ihm die Pleurahöhlen, die Herzbeutelhöhle und die Bauchhöhle hervor.

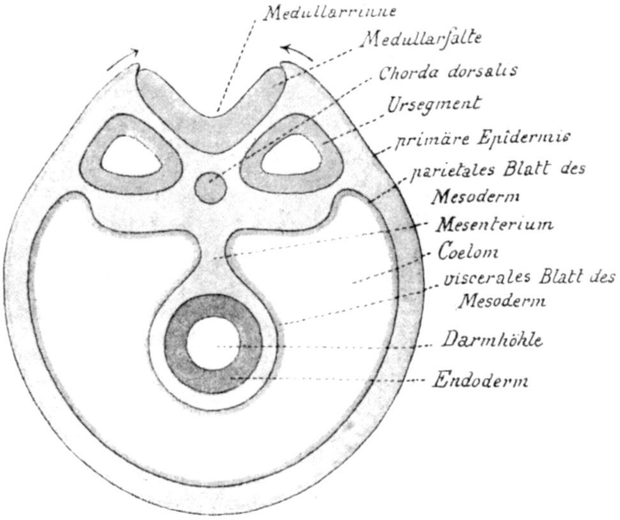

Fig. 2.

Das innere Keimblatt, das Entoderm, erscheint in unserem Schema noch ganz einfach, als epithelialer Überzug der Darmhöhle. —

Wir wenden uns zu einem schematischen Querschnitt durch einen etwas älteren Embryo (Fig. 2). Ich brauche ihn im einzelnen nicht weiter zu erklären und mache nur auf folgendes aufmerksam.

Die Anlage des Nervensystems, die Medullarplatte, hat sich eingefaltet; so ist eine Medullarrinne entstanden, welche rechts und links von einer

Medullarfalte begrenzt ist. Das parietale und das viszerale Blatt des Mesoderm haben sich von den Ursegmenten gesondert, und die primäre Leibeshöhle ist größer geworden. Der Darm hängt nun, wie an einem Aufhängeband — man nennt es das Mesenterium —, in das Coelom, die primäre Leibeshöhle hinein.

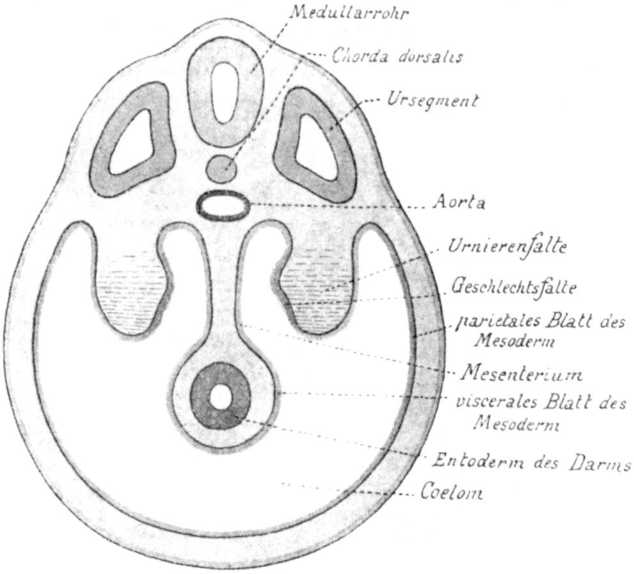

Fig. 3.

Im weiteren Verlauf der Entwicklung wachsen die dorsalen Kanten der Medullarfalten einander entgegen, legen sich aneinander und verschmelzen dann. Eine Zeitlang bleiben sie noch mit der primären Epidermis, dem Reste des äußeren Keimblattes, in Verbindung, dann trennen sie sich infolge von ungleichmäßigem Wachstum völlig los. Eine dritte Skizze (Fig. 3) zeigt diese Verhältnisse. Die Anlage des Nervensystems ist zu einem geschlossenen Rohr, zum Medullarrohr geworden. Dieses Medullarrohr enthält die gesamte Anlage des Nervensystems. Nicht nur das Rückenmark und Gehirn mit ihren Nervenzellen und Fasern und mit ihren feineren Stützelementen, der Neuroglia, sondern auch die Anlagen der peripheren motorischen und sensiblen Nerven, die Anlagen des viszeralen, sympathischen oder autonomen Nervensytems, ja sogar die Scheiden der peripheren Nervenfasern, die Schwannschen Scheiden, gehen aus dem Medullarrohr hervor. Wir wollen das Entstehen dieser verschiedenen Anlagen an einigen schematischen Bildern verfolgen, wobei wir die einfacheren Verhältnisse des Rückenmarks zugrunde legen.

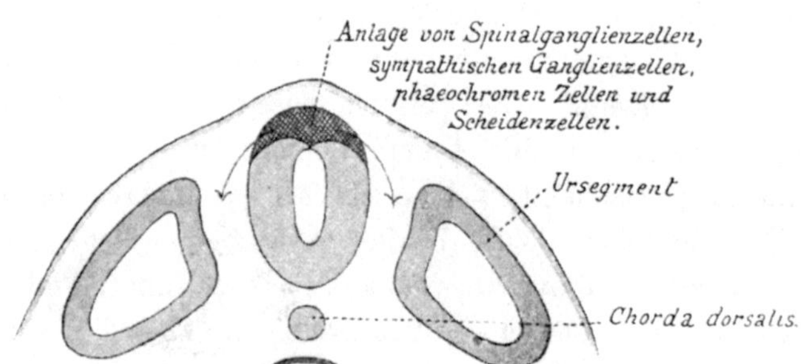

Fig. 4.

Die dorsalen Zellen des Medullarrohres, welche in der Fig. 4 durch Schraffierung gekennzeichnet sind, verlassen diese Anlage und wandern nach rechts und links aus. Sie gliedern sich dabei den Ursegmenten entsprechend. Dieses Stadium ist in Fig. 5 gegeben.

Aus den so entstehenden Knötchen wandern, teils in Gruppen, teils einzeln — Zellen aus, zum großen Teil zur Aorta hin, welche inzwischen entstanden ist. Es sind das Anlagen von sympathischen Nervenzellen, denen Zellen beigesellt sind, die beim Aufbau des Markes der Nebennieren eine Rolle spielen, die phaeochromen Zellen (Kohn 28). Außerdem liegen in den Knötchen ursprünglich noch die Scheidenzellen für die peripheren Nervenfasern, sie wandern zum größten Teil in die Nerven aus, ein kleiner Teil bildet Scheiden um die Nervenzellen des Knötchens selbst. Haben all diese Zellen, also die sympathischen Nervenzellen, die phaeochromen Zellen und die Scheidenzellen der gesamten peripheren Nervenfasern, die zu beiden Seiten der Rückenmarksanlage liegenden Zellknötchen verlassen, so können wir diese als Spinalganglien ansprechen. In ihnen liegen die Nervenzellen für die gesamten sensiblen Nervenfasern des Rückenmarksgebietes (Fig. 6).

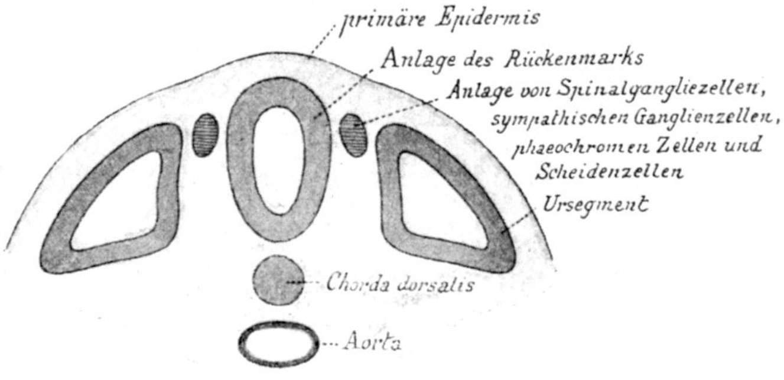

Fig. 5.

Zunächst sind die Spinalganglien ganz isoliert, dann aber wachsen von jeder ihrer Zellen zwei Fortsätze aus; die einen Fortsätze wachsen nach der Peripherie zur Oberfläche des Körpers und zu allen Organen, denen Sensibilität zukommt, die anderen in die Anlage des Rückenmarks hinein; sie bilden die dorsalen, sensiblen Wurzeln der Rückenmarksnerven. Sowohl die peripheren Fortsätze, wie nach ihrem Eintritt in das Rückenmark auch die zentralen verzweigen sich auf das mannigfaltigste. Im Rückenmark nämlich teilt sich jede sensible Nervenfaser in einen aufsteigenden und in einen absteigenden Ast und diese treten durch unzählige Seitenzweige mit den verschiedensten Nervenzellen in Beziehung. Während, wie wir eben gesehen haben, die Nervenzellen, aus denen die sensiblen Fasern hervorwachsen, außerhalb des zentralen Nervensystems in den Spinalganglien oder in entsprechenden Ganglien des Gehirngebietes liegen,

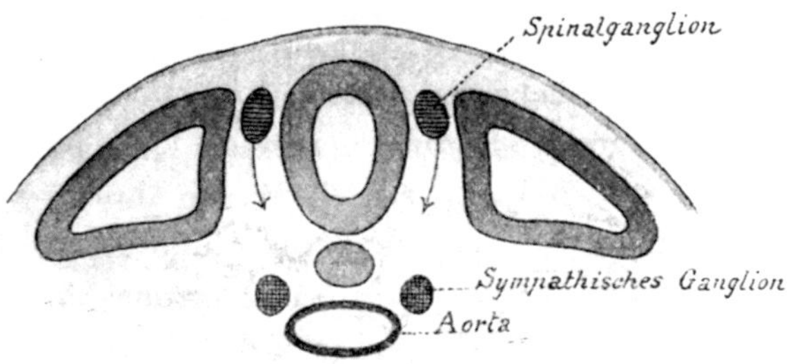

Fig. 6.

nehmen die motorischen Nervenfasern ihren Ursprung aus Zellen des zentralen Nervensystems selbst (Fig. 7).

Die Zellen der Rückenmarksanlage sondern sich, nachdem die Spinalganglienzellen, die sympathischen Zellen, die phaeochromen Zellen und die Scheidenzellen aus dem Medullarrohr ausgewandert sind, in Stützzellenbildner, Spongioblasten, und Nervenzellenbildner, Neuroblasten.

Unter den Nervenzellen fallen bald Gruppen besonders großer, ventral gelegener Zellen auf, die Fortsätze aussprossen lassen. Diese Fortsätze wachsen aus dem ventralen Teil des Rückenmarks hervor und verbinden sich schließlich mit Muskelfasern, als ihren Erfolgsorganen.

Auf dem Wege zu den Muskeln treffen sich die motorischen Nervenfasern mit den sensiblen und bilden mit ihnen zusammen gemischte Nerven, wie sie den größten Teil des peripheren Nervensystems darstellen. Erst nach mannigfachen Durchflechtungen und Plexusbildungen sondern sich schließlich in der Peripherie die motorischen Nervenfasern wieder von den sensiblen und es entstehen motorische und sensible Nerven. Die Figur 8 gibt ein ganz rohes Schema für diese Verhältnisse.

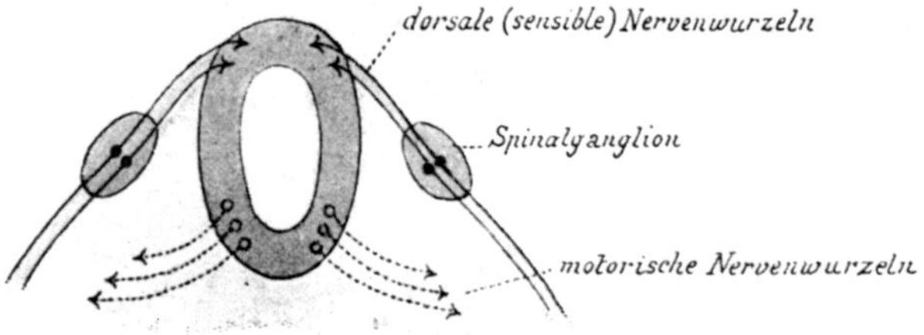

Fig. 7.

Der Verlauf der einzelnen Nervenfasern und ihre Beziehungen zu anderen Nervenfasern und Nervenzellen sind oft außerordentlich verwickelt und in allen Einzelheiten vielfach gar nicht übersehbar, aber dennoch wirken all diese Elemente zusammen, obwohl die motorischen Nervenfasern, um zu ihren Muskeln zu gelangen, die sensiblen, um die Stellen zu erreichen, von denen sie Sinneseindrücke aufnehmen, oft beträchtliche Wegstrecken zurückzulegen haben.

Es ist begreiflich, wie man sich dagegen sträubte, annehmen zu müssen, daß frei vorwachsende Nervenfasern auf so komplizierten Wegen ihre Ziele erreichen konnten. Man stellte die Hypothese auf, daß die durch Nervenfasern gebildeten Verbindungen nur Reste ursprünglicher Zusammenhänge — von Plasmodesmen — darstellen, welche von den ersten Zellteilungen her, bei den sogenannten Furchungsvorgängen des Eies, erhalten geblieben seien (man vergleiche Hammar 9; Hensen 17; Held 15. 16). Diese Hypothese ist nicht haltbar; auch würde sie das Wunder nicht mindern. Wenn vom Anfang der Entwicklung her Verbindungsbrücken zwischen allen entstehenden Zellen bestehen blieben, so könnten doch nicht alle diese Brücken als Nervenfasern bestehen bleiben, und daß eine besondere Auswahl getroffen würde, wäre schließlich ebenso wunderbar, wie das Erreichen der besonderen Ziele beim freien Auswachsen. Daß Plasmodesmen, vielfach freilich erst sekundär entstehende, vorkommen, das soll damit nicht bestritten werden, nur die Umbildung von Plasmodesmen in Nervenfasern. Das Auswachsen der Nervenfasern ist direkt nachzuweisen. Schon bei dem normalen Verlauf der Entwicklung konnte ich das vor 30 Jahren bei den Fasern des Nervus opticus, welche von der Netzhautanlage in das Gehirn hineinwachsen, beobachten

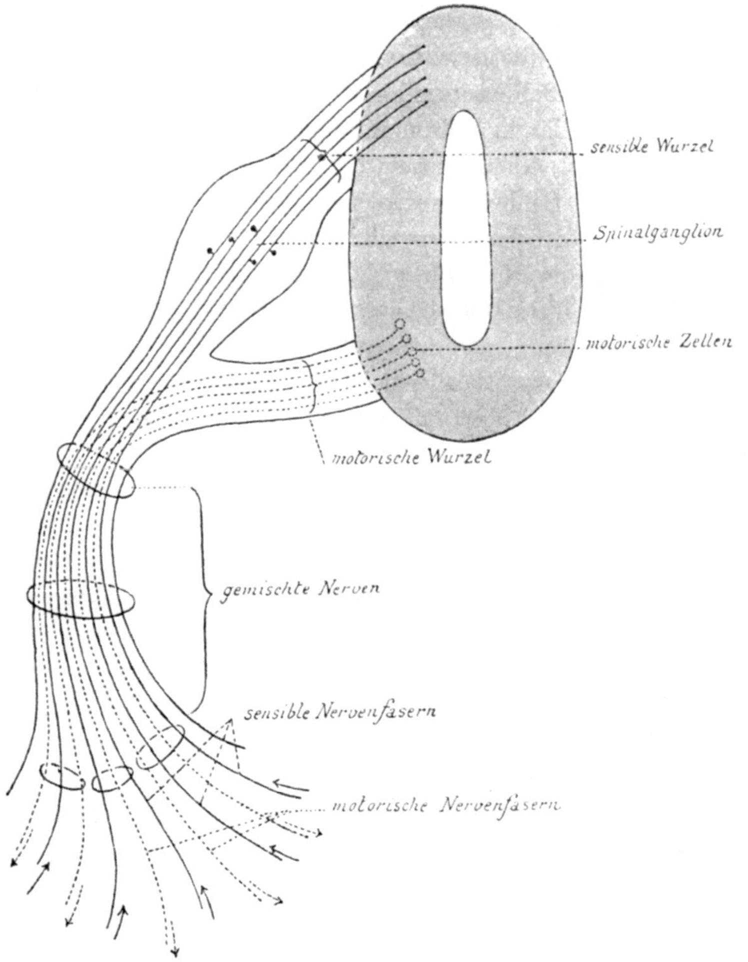

Fig. 8.

Keibel 22), dann hat Wilhelm His (20, 21) ausgedehnte Untersuchungen darüber angestellt[2]) und man hat es jüngst ganz allgemein durch Experimente nachweisen können (Harrison 12—14; Braus 3).

Wenn man Teile von Amphibienembryonen anderen Embryonen der gleichen Art aufheilt, so wachsen die Nervenfasern des Wirtes in die trans-

[2]) Vgl. auch Ramon Cajal (35—37).

plantierten Teile hinein und umgekehrt. Ganz besonders lehrreich ist da folgendes Experiment.

Man heilt eine nervenlose Extremitätenanlage — es ist möglich, eine solche zu erzielen — an einen anderen Embryo so an, daß Nerven einwachsen können; geschieht das, so wird dabei merkwürdigerweise im allgemeinen die gleiche Anordnung der Nervenstämme erreicht, wie unter normalen Verhältnissen. Es ist das ein Hinweis darauf, daß in der Anordnung der Gewebe in der nervenlosen Extremität gewisse Bedingungen für das Vorwachsen der Nerven in bestimmten Bahnen gegeben sind. Man hat versucht, dieses Verhalten dadurch zu erklären, daß man annahm, daß chemische Reize den Nerven den Weg weisen, oder dadurch, daß Zellverbindungen, Plasmodesmen, als Leitgebilde dienen. Schließlich wird man gestehen müssen, daß sich weder das eine, noch das andere beweisen läßt.

Das Anwachsen der Nervenfasern aus den Nervenzellen kann man unmittelbar unter dem Mikroskope beobachten. Es ist möglich, auch tierische Gewebe in durchsichtigem, geronnenen Blutserum eine Zeitlang außerhalb des Tierkörpers zu züchten. An solchen Präparaten kann man das Auswachsen der Nervenfasern aus den Nervenzellen verfolgen und sogar die Schnelligkeit des Auswachsens messen.

Sich vorzustellen, wie durch richtungslose, zufällige Variationen das Nervensystem zustande kommen soll, ist um so schwieriger, als das Nervensystem ja aus einer rechten und linken symmetrischen Hälfte besteht, und beide Hälften in ihrer Wirkung auf das genaueste aufeinander eingespielt sind; da müßte sich natürlich links und rechts die gleiche, oft sehr verwickelte Variation darbieten, die, um nützlich zu sein, dabei häufig noch mit mannigfachen, korrelativen Veränderungen verkettet sein müßte.

Doch wenden wir uns zu einigen anderen Beispielen, welche wir kürzer behandeln wollen. Betrachten wir zum Beispiel die Augen. Bei ihnen lehrt uns die Entwicklungsgeschichte, daß ihre einzelnen, wichtigen Teile: die Netzhaut, der Glaskörper, die Linse, die Hüllen des Auges: Sklera, Cornea, Chorioïdea und Iris, und die Hilfsapparate der Augen, die Muskeln des Bulbus, die Augenlider und der Tränenapparat teils aus verschiedenen Keimblättern, teils aus verschiedenen Teilen des gleichen Keimblattes gebildet werden — und doch kommt es zu dem wunderbaren Zusammenwirken der Teile des Auges (Keibel 25. 26). Noch wunderbarer sind vielleicht die Regenerationsverhältnisse, wie wir sie bei den Augen mancher Tiere finden (Colucci 4; Wolff 47; Erik Müller 32; Fischel 7a; W. H. Lewis 30; Spemann 40). Wenn man bei der Larve eines Tritons, eines Wassermolches die normalerweise gebildete Linse entfernt, dann entsteht eine neue Linse aus einem ganz anderen Zellmaterial, als es normalerweise die Linse hervorgehen läßt. Während die normale, ursprüngliche Linse aus der primären Epidermis gebildet wurde, entsteht bei der Regeneration die Linse aus Teilen der Netzhaut, welche dem vorderen Teil des Medullarrohres, der Hirnanlage, ihren Ursprung verdankt. Es ist schwer auszudenken, wie eine solche Art der Regeneration der Linse durch den Kampf ums Dasein gezüchtet werden konnte. Dann tritt bei den Augen ihr paariger Charakter noch deutlicher hervor als bei Gehirn und Rückenmark. Wenn man sich die Augen als paarige Organe aus zufälligen, ungerichteten Variationen hervorgegangen denken will, so ergibt sich, in noch höherem Maße vielleicht wie beim Nervensystem, eine große Schwierigkeit daraus, daß ja dieselbe Variation rechts wie links auftreten muß, und dasselbe gilt allgemein von paarigen und auch von serialen, d. h. an aufeinanderfolgenden Segmenten des Tierkörpers auftretenden Organen (vgl. O. Hertwig 18).

Wenden wir uns zu einem anderen Gebiet. —

Den Embryonen der Säugetiere und des Menschen kommen Bildungen zu, welche auf einen längstvergangenen Vorfahrenzustand hinweisen. Wir können an ihnen Kiemenbogen und zwischen den Kiemenbogen Kiementaschen nachweisen. Die Kiementaschen sind wie der Darm vom inneren Keimblatt, dem Entoderm, ausgekleidet. Von diesem Entoderm aus entstehen besondere drüsige Bildungen, unter anderen die Thymusdrüsen.

Die Thymusdrüsen — der Thymus des Kalbes ist unseren Hausfrauen als Kalbsmilcher oder Briesel bekannt — entwickeln sich aber nicht weiter, wie gewöhnliche Drüsen. Sie verlieren ihren Ausführungsgang, und die Teile, welche bei anderen Drüsen die sezernierenden Kanälchen oder Säckchen bilden, gestalten sich zu einem eigentümlichen Gerüstwerk, in das aus dem mittleren Keimblatt stammende Zellen einwandern. Zellen, welche sich in keiner wesentlichen Eigentümlichkeit von den Lymphzellen der Lymphknoten und lymphatischen Organe unterscheiden. Solche Zellen werden durch den Blutstrom herbeigeführt oder wandern, durch unbekannte Reize angezogen, herbei und finden nun zwischen dem Netzwerk der entodermalen Zellen eine Stätte, an der sie sich vermehren und wuchern. Erst später entsteht das gröbere bindegewebige, dem mittleren Keimblatt entstammende Gerüst des Thymus. Ich will auf die Einzelheiten der Thymusentwicklung nicht weiter eingehen und nur hervorheben, daß der Thymus nicht so frühzeitig schwindet, wie man bis vor kurzem annahm. Bis zur Pubertät nimmt er an Größe zu und erhält sich dann noch bis in das dritte und vierte Jahrzehnt — in Resten bis ins hohe Alter. Seine Funktion ist noch nicht klargelegt, aber man hat gefunden, daß er mit größter Feinheit auf die Ernährungszustände des Organismus reagiert. Leidet die Ernährung des Organismus durch Hunger oder durch Krankheit, so bildet sich der Thymus in kurzer Zeit derartig zurück, daß es vielfach schwer ist, bei älteren, durch Krankheit heruntergekommenen Individuen, wie sie auf die Anatomie zu kommen pflegen, Reste von ihm nachzuweisen. Kamen dann ausnahmsweise kräftige, durch Unfall oder Selbstmord gestorbene Personen zur Beobachtung und zeigten einen gut entwickelten Thymus, so glaubte man abnorm langes Bestehen des Thymus oder Status lymphaticus des Thymus feststellen zu können, trotzdem die Verhältnisse ganz normal waren. Fälle, die zweifellos so liegen, sind bis in die jüngste Zeit veröffentlicht worden (man vgl. Hammar 10).

Wir haben also in der Thymusdrüse einen Apparat, der sich aus zwei ganz verschiedenen Anlagen aufbaut, aus dem dem inneren Keimblatt, dem Entoderm, angehörigen Überzug einer Kiementasche und aus lymphatischen Elementen. Beide aus so verschiedenen Quellen entstammende Anlagen gehen eine Symbiose ein. Außerdem finden wir dann, daß dies aus Zellen ganz verschiedener Art aufgebaute Organ die feinsten Reaktionen auf die Gesamternährung des Körpers zeigt. Das Eindringen der lymphatischen Zellen in die entodermale Anlage als eine Kampfhandlung aufzufassen, liegt wirklich kein Grund vor, und ebenso dürfte es schwer sein, den Zusammenhang mit dem Ernährungszustand des Körpers auf den Kampf ums Dasein zurückzuführen.

Ebenfalls sehr ausgesprochen symbiotische Verhältnisse finden wir dann bei einem anderen Organ, bei der Nebenniere, deren Produkt das Adrenalin einen so mächtigen Einfluß auf die Gefäßverengerung hat und jetzt so vielfach praktische Anwendung findet (man vgl. Keibel 23. 24; Kohn 28; Poll 34; Soulié 41).

Die ausgebildete Nebenniere besteht aus Rinde und Mark. Die wesentlichen Elemente der Rinde stammen von epithelialen Elementen der Leibeshöhlenauskleidung, von dem Coelomepithel ab. Die wesentlichen Elemente des Markes sind sympathische Nervenzellen und eigentümliche, auf Chromsalze in besonderer Weise reagierende Zellen, welche man deshalb chromaffine oder phaeochrome Zellen nennt; wir haben sie bereits bei der Entwicklung des Nervensystems kennengelernt.

Die Nebennieren sind nun phylogenetisch junge Organe, bei den Haifischen z. B. fehlen sie noch. Anstatt ihrer finden sich zwei Organe. Die Zwischenniere der Haifische entspricht der Rinde der Nebenniere, und das Mark einem Teil eines Organsystems, das man, weil es sich aus phaeochromen Zellen aufbaut, als phaeochromes Organsystem bezeichnen kann. Ein großer Teil dieses phaeochromen Systems ist übrigens auch bei den Säugern und dem Menschen noch selbständig geblieben. Es findet sich meist, wie sich das ja aus reiner Genese leicht erklären läßt, in enger Beziehung zu sympathischen Ganglien. So gehört die, lange auch in ihrer morphologischen Bedeutung rätselhafte, Carotidendrüse dem phaeochromen System an. Wir haben also in der Nebenniere wieder eine Symbiose zwischen zwei ganz verschiedenen Elementen und zwar von Elementen von auch ganz verschiedener Abstammung. Das Coelomepithel, welches die Rinde der Nebenniere entstehen läßt, gehört dem mittleren Keimblatt, dem Mesoderm an. Das Mark entsteht in innigster Verbindung mit der Gesamtanlage des Nervensystems aus dem äußeren Keimblatt, dem Ektoderm. Sympathische und phaeochrome Zellen sind eine Zeitlang einander so ähnlich, daß man sie nicht voneinander unterscheiden kann. Sind aber bei den höheren Organismen phaeochrome und sympathische Elemente mit den Rindenelementen zu einheitlichen Organen, zu Nebennieren verbunden, so ist das Zusammenarbeiten der beiden Elemente für den Organismus unentbehrlich. Wenn man die Nebennieren mit ihren Rinden- und Markbestandteilen aus dem Organismus entfernt, so kann der Organismus nicht mehr bestehen, selbst wenn isoliert Organe des phaeochromen Systems und Nebennierenrinde ohne Mark ihm verblieben sind.

Und ich möchte zum Schluß noch auf ein weiteres merkwürdiges Beispiel von Symbiose und Harmonie in der Entwicklung hinweisen. Es betrifft die Keimdrüsen der Wirbeltiere. Nach neueren Untersuchungen sollen die Geschlechtszellen der Wirbeltiere ursprünglich im Entoderm, dem inneren Keimblatt, liegen. Von hier aus sollen sie dann in das Mesoderm einwandern und teils durch eigene Bewegungen, teils dadurch, daß die Gewebsbezirke, in welche sie eingeschlossen sind, sich bei den Entwicklungsvorgängen verschieben, in das Gebiet der späteren Keimdrüsen kommen. (Man vergleiche v. Berenberg-Goßler 1, 2, Felix 7.) Die Anlagen dieser Keimdrüsen befinden sich (man vergleiche Fig. 3) an den medialen Seiten der Urnieren, die dem Aufhängeband des Darms dem Mesenterium zugekehrt sind, sie sind von dem Epithel der Leibeshöhle, dem Coelomepithel überzogen. In dieses Coelomepithel reihen sich die Keimzellen ein, wuchern mit ihm in die Tiefe, und aus ihnen sollen dann die definitiven Geschlechtszellen, die Eier und Spermatozoen hervorgehen. Wie schon angedeutet wurde, ist die Sachlage noch nicht völlig geklärt. Daß Verschiebungen und auch Wanderungen von Zellen im Gebiet der Keimanlagen der Wirbeltiere vorkommen, erscheint aber sicher, und es muß ein harmonisches Zusammenwirken von Zellen verschiedener Herkunft stattfinden, um den Aufbau der Keimdrüsen, der wichtigsten Organe für das Bestehen der Art, zu sichern.

Freilich findet in den Keimdrüsen und zwar ganz besonders in den weiblichen Keimdrüsen, den Eierstöcken, zweifellos auch ein Untergang von vielen Elementen statt. Es erscheint aber nur als eine bildliche und durch keinerlei begründete Beobachtungen berechtigte Darstellungsweise, wenn man hier etwa von einem Kampf der Keimzellen untereinander sprechen will (D. v. Hansemann, 11). Auch hier springt das harmonische Zusammenwirken, die Symbiose, viel mehr in die Augen.

Wir brauchen keine weiteren Beispiele zu häufen. Es ist schließlich überall bei den sich entwickelnden tierischen Organismen die ganze Entwicklung gar nicht zu denken ohne die harmonische Entwicklung aller Teile. Die Ontogenie, die Einzelentwicklung der Tiere, ist auch ausgesprochen gerichtet, „zielstrebig". Man kann sie gar nicht betrachten ohne nach Zwecken zu fragen (Kroner 29; Keibel 27), und das tun die Anhänger des Darwinismus im einzelnen auch in ausgiebigster Weise, so sehr sie die teleologische Betrachtungsweise im ganzen verdammen.

Der Biologe kann eben den Organismus nicht anders betrachten als eine Maschine, und bei der Betrachtung einer Maschine steht der Gesichtspunkt des Zweckes im Vordergrund. Die Teleophobie, die in Darwins Schule offiziell herrscht, ist also in der Biologie durchaus nicht berechtigt.

Der Begriff der Kausalität ist ebenso wie der der Teleologie ein metaphysischer, ein transzendenter und führt über das Gebiet der Naturwissenschaften hinaus. Das gleiche gilt übrigens letzten Endes vom Begriff der Kraft, auch von der Schwerkraft, auch sie muß man schließlich als gegeben hinnehmen. Damit will ich nicht etwa für die Lebenskraft, die vis essentialis oder den nisus formativus eintreten. Lotze (31) und Dubois-Reymond (6) hatten ganz recht, sie zu bekämpfen. Es ist gar nichts damit gewonnen, wenn wir Dinge, welche wir nicht verstehen, auf eine unbekannte Kraft zurückführen; wir bekennen damit nur, daß wir mit unserem Können am Ende sind. Betont soll aber werden, daß wir mit den Gesetzen, welche uns aus der Physik und Chemie bekannt sind, das Leben nicht restlos erklären können, wenn diese Gesetze auch zweifellos für alle Lebewesen gelten. — Wenn eine Menschenmenge aus einer engen Pforte herausdrängt, wird sie bis zu einem gewissen Grade rein mechanischen Gesetzen unterworfen sein und sich ähnlich verhalten wie eine Flüssigkeit, welche aus einer engen Öffnung herausströmt. Wenn ein Truppenteil von einer gepflasterten Straße in schräger Richtung auf einen Sturzacker fortmarschiert, so wird seine Marschrichtung abgeändert, ebenso wie der Weg eines Lichtstrahls, der aus einem dünneren Medium in ein dichteres übergeht. Dabei gelten aber bei den Menschen, welche die Menge oder den marschierenden Trupp bilden, noch andere Gesetze, denen sie als bewußte Wesen folgen. Die beiden geschilderten Geschehnisse bilden keine Widerlegung der Lehre von der Willensfreiheit.

Es ist übrigens interessant, daß auch August Weismann, der Ultradarwinianer — Ernst Gaupp (8), sein Biograph, weist ausdrücklich darauf hin —, schließlich nicht ohne die Teleologie auskommt. In einer älteren Schrift freilich, in dem schon 1876 erschienenen Aufsatze „Über die mechanische Auffassung der Natur“ (42) lesen wir, daß Weismann nicht glaubt, daß wir darauf zu verzichten brauchen, die Existenz einer zwecktätigen Kraft anzunehmen, „nur müssen wir sie nicht in den Mechanismus der Welt direkt mit eingreifend uns vorstellen, sondern vielmehr hinter demselben als die letzte Ursache dieses Mechanismus“.

Weismann glaubt freilich „auch die organische Natur als Mechanismus erkannt zu haben“, aber, fragt er: folgt daraus die gänzliche Leugnung einer letzten Weltursache? Er antwortet: „Gewiß nicht, vielmehr wird gerade die in den Erscheinungen der lebenden Natur noch viel deutlicher hervortretende ‚Zielstrebigkeit‘ (v. Baer) noch energischer zu der Überzeugung drängen, daß das harmonische Zusammenwirken der physischen Kräfte, ihre Verbindung zu dem großen Weltmechanismus eine gemeinsame

Wurzel, anthropomorph ausgedrückt: einen Weltmechaniker voraussetzt, der die Kräfte der Materie so gegeneinander abwog, daß eine vernünftige Welt dabei herauskommen mußte. Es wäre eine große Selbsttäuschung, wollte jemand glauben, die Welt begriffen zu haben, wenn es ihm gelang, die Naturerscheinungen auf einen Mechanismus zurückzuführen. Er vergäße dabei, daß dieser selbst doch auch wieder seinen Grund haben muß und zwar einen teleologischen, zwecksetzenden Grund.“ Dabei bekennt sich aber Weismann auch in seiner Schrift von 1876 insofern als reinen Materialisten, als er annimmt, daß auch das Geistige, das Empfindende, Wollende, Denkende, daß „auch die Entwicklung der Seele als rein mechanischen Gesetzen folgend gedacht werden könne“.

Später hat sich Weismann, wenn man von Andeutungen absieht, über die zwecksetzende Urkraft nicht wieder ausgesprochen. Eine steuernde, richtungsbestimmende Kraft freilich nimmt er auch noch in seiner Lehre von der Germinalselektion an. Die Germinalselektion soll es erklären, daß bei den Veränderungen der Organismen einmal eingeschlagene Richtungen auch ohne Zutun der Personalselektion, aus inneren Kräften heraus, beibehalten werden. „Die Variationen“, so faßt Gaupp die Lehre Weismanns zusammen, „sind nicht, wie Darwin meinte, von Hause aus zufällig und durch Naturzüchtung nur steigerungsfähig, sondern die Naturzüchtung findet schon Variationsrichtungen vor, die auch aus inneren Gründen sich zu steigern streben und von der Naturzüchtung dabei nur unterstützt oder gehemmt werden können.“ Schließlich sollen aber diese Richtungen denn doch eine rein mechanische Erklärung finden. —

Wenn Weismann glaubt, auch die Entwicklung der Seele aus rein mechanischen Gesetzen denken zu können, so geht er damit offensichtlich über die Grenze hinaus, in der mechanische Gesetze gelten können, aber auch für seine Lehre von der Germinalselektion ist das festzustellen. Im strengen Sinne gelten mechanische Gesetze allein ja nur für die Physik, schon in der Chemie treten neue Gesetzmäßigkeiten hinzu und wieder andere für die Biologie. Daraus, daß wir solche noch nicht in genügender Weise klargelegt haben, folgt nicht, daß es uns nicht gelingen sollte, viel weiter geltende Gesetzmäßigkeiten zu finden, als wir sie heute kennen, Gesetzmäßigkeiten, welche sich über die auch für die Lebewesen geltenden Gesetze der Physik und Chemie schichten. Wir wollen nicht zu früh ein ignorabimus aussprechen und weiter forschen, aber uns hüten, aus dem Gebiete der Naturwissenschaft hinaus unvermerkt in das der Metaphysik zu geraten und gar einen Weltmechaniker zu setzen, der den Weltmechanismus geschaffen und in Gang gesetzt hat, um ihn dann für alle Zeiten sich selbst zu überlassen. Auch dürfte uns bei einer solchen Annahme die Frage nicht erspart bleiben, welch anderen Aufgaben sich denn der Meister nach der Erschaffung des Weltmechanismus zugewandt habe?

Nie dürfen wir folgendes aus dem Auge verlieren: Alle unsere Naturgesetze, auch die der Physik und die der Chemie, gelten nur für eine endliche Welt, welche wir als gegeben hinzunehmen haben. Das Unendliche bleibt uns mit unseren Methoden in jeder Beziehung unergründlich. Zu diesen Unendlichkeitsfragen gehört ebenso die nach dem ersten Entstehen der Welt wie die nach dem letzten Zweck der Welt und des Lebens.

Πόλεμος πατὴρ πάντων sagt Roux mit Heraklit. Der Kampf aller gegen alle und das blinde Walten des Zufalls soll nach den orthodoxen Darwinianern Zweckmäßigkeit und Harmonie in der Welt erklären. Das erscheint schon nach dem, was wir auf einem kleinen Gebiet der Entwicklungsgeschichte gefunden haben, unmöglich, aber trotzdem hat Darwins Lehre einen großen Einfluß auf die Menschheit gewonnen. Das läßt sich gerade jetzt, nachdem die Hochflut des Darwinismus abgeebbt hat, überblicken.

Der Einfluß freilich auf die Geisteswissenschaften ist gering, am größten vielleicht noch auf die Nationalökonomie, mächtig aber ist er auf die breiten Schichten der Gebildeten und der Ungebildeten gewesen. Die Lehre des Engländers Darwin und seiner Anhänger hat sicher, wie das Oscar Hertwig (19) betont, einen großen Einfluß auf das Herrschen des Materialismus überall in der Welt gehabt; und wenn aus diesem der Weltkrieg geboren wurde, so ist der Einfluß der Werke Darwins und seiner Anhänger sicher größer gewesen als der der Werke von Treitschke und Nietzsche oder gar Bernhardis in den weitesten Kreisen Deutschlands unbekanntes Buch.

Literatur.

(1) v. Berenberg-Goßler. Geschlechtszellen und Körperzellen im Tierreich. Sammlung anatomischer und physiologischer Aufsätze. Herausgegeben von Gaupp und Trendelenburg. Jena 1912.

(2) — — Die Urgeschlechtszellen des Hühnerembryos am dritten und vierten Bebrütungstage. Arch. f. mikrosk. Anat. Bd. 81. Abt. II. 1912, zugleich Freiburger Habilitationsschrift. (Ausgedehnte Literaturangaben; ich verweise besonders auf Beard, Rubaschkin, Tschaschin.)

(3) Braus, Hermann. Die Entstehung der Nervenbahnen. Verh. Ges. Deutscher Naturf. und Ärzte. 1911.

(4) Colucci, V., S. Sulla rigenerazione parziale dell' occhio nei Tritoni. Memorie della R. Accad. delle Scienze dell' Ist. di Bologna. Ser. V. T. 1. 1891.

(5) Driesch, Hans. Der Vitalismus. Leipzig 1905.

(6) Du Bois-Reymond. Über die Lebenskraft. 1887 in: Reden Bd. II.

(7) Felix, W. Die Entwicklung der Harn- und Geschlechtsorgane in: Keibel und Mall. Handbuch der Entwicklungsgeschichte des Menschen. Bd. II. Leipzig 1911.

(7a) Fischel, Alfred. Über die Regeneration der Linse. Anat. Hefte. I. Abt. Bd. 14. 1900.

(8) Gaupp, Ernst. August Weismann, sein Leben und sein Werk. Jena 1917.

(9) Hammar, J. A. Über einen primären Zusammenhang zwischen den Furchungszellen des Seeigeleies. Arch. f. mikrosk. Anat. Bd. 47. 1896.

(10) — — Fünfzig Jahre Thymusforschung. Kritische Übersicht der normalen Morphologie. Ergebnisse der Anat. und Entwicklungsgesch. Bd. 19. 1910 (großes Literaturverzeichnis). Ich verweise besonders auf die Arbeiten von Dantschakoff und Maximow, die ich nach eigenen Untersuchungen bestätigen kann. Auch nach dem Jahre 1910 sind eine Reihe von Arbeiten über die Entwicklung des Thymus erschienen, vor allem von Hammar und seinen Schülern. Die letzten als Beiträge zur Konstitutionsanatomie in: Zeitschrift für angewandte Anatomie und Konstitutionslehre. Bd. III und IV. 1918.

(11) v. Hansemann, D. Über den Kampf der Eier in den Ovarien. Arch. f. Entwicklungsmechanik. Bd. 35. 1913.

(12) Harrison, Ross, Granville. Observations on the living developing nerve fiber. The anatomical Record. 1907.

(13) — — Experiments in transplanting limbs and their bearing upon the problems of the development of nerves. Journ. of Exper. Zool. Vol. 4. 1907.

(14) — — The ontgrowth of the nerve fiber as a mode of protoplasmatic movement. Journ. of exp. zoology vol. 9. 1910.

(15) Held, H. Zur Histogenese der Nervenleitung. Verh. der Anat. Ges. 20. Vers. 1906.

(16) — — Kritische Bemerkungen zu der Verteidigung der Neuroblasten- und Neurontheorie durch R. Cajal. Anat. Anz. Bd. 30. 1907.

(17) Hensen, Victor. Die Entwicklungsmechanik der Nervenbahnen im Embryo der Säugetiere. Ein Probeversuch. Kiel und Leipzig. 1903.

(18) Hertwig, Oscar. Das Werden der Organismen. Eine Widerlegung von Darwins Zufallstheorie. Jena 1916.

(19) — — Zur Abwehr des ethischen, des sozialen, des politischen Darwinismus. Jena 1918.

(20) His, Wilhelm. Histogenese und Zusammenhang der Nervenelemente. Intern. med. Kongr. zu Berlin 1890 und Arch. f. Anatomie und Physiol. Anat. Abt. Suppl.-Bd. 1890.

(21) — — Über den Aufbau unseres Nervensystems. Verh. der Ges. Deutscher Naturf. und Ärzte. 65. Vers. Teil. 1. 1903.

(22) Keibel, Franz. Über die Entwicklung des Sehnerven. Sitz.-Ber. des nat.-med. Vereins in Straßburg i. Els. Med. Sect. 14. Dec. 1888. Deutsche medizinische Wochenschrift. 15. Jahrg. 1889.

(23) — — Über die Entwicklung des Urogenitalapparates von Echidna. Ergänzungsheft z. Anat. Anz. Bd. 22. 1903. (Betrifft auch die Entwicklungsgeschichte der Nebennieren.)

(24) — — Zur Entwicklungsgeschichte des Urogenitalapparates von Echidna aculeata, var. typica. Denkschr. der med.-nat. Ges. Jena. Bd. VI Heft 2. Zoolog. Forschungsreisen in Australien und dem Malayischen Archipel von Richard Semon. Bd. III. 1904. (Betrifft auch die Entwicklungsgeschichte der Nebennieren.)

(25) — — Die Entwicklungsgeschichte des Wirbeltierauges. Klin. Monatsbl. f. Augenheilkunde. 44. Jahrg. N. F. Bd. 2. 1906.

(26) — — Die Entwicklung des Auges in: Keibel und Mall. Handbuch der Entwicklungsgeschichte des Menschen. Bd. II. 1911.

(27) — — Über experimentelle Entwicklungsgeschichte. Straßburger Kaisergeburtstagsrede 1917.

(28) Kohn, A. Über die Entwicklung des sympathischen Nervensystems der Säugetiere. Arch. f. mikroskop. Anat. Bd. 70. 1907.

(29) Kroner, Richard. Zweck und Gesetz in der Biologie. Tübingen 1913.

(30) Lewis, W. H. Lens formation from strange ectoderm in Rana sylvatica. Amer. journ. anat. Vol. 7. 1907.

(31) Lotze. Leben, Lebenskraft. In Wagners Handwörterbuch der Physiologie. Bd. I. 1842.

(32) Müller, Erik. Über die Regeneration der Augenlinse nach Exstirpation derselben bei Tritonen. Arch. f. mikroskop. Anat. Bd. 47. 1896.

(33) Nußbaum, Moritz. Zur Differenzierung des Geschlechts im Tierreich. Arch. f. mikrosk. Anat. Bd. 18. 1880.

(34) Poll, Heinrich. Die vergleichende Entwicklungsgeschichte der Nebennierensysteme der Wirbeltiere in: Oscar Hertwigs Handbuch der vergleichenden und experimentellen Entwicklungslehre der Wirbeltiere. Bd. III. 1. 1906 (reiche Literatur).

(35) Ramon Cajal, S. La rétine des vertébrés. La Cellule. 1892.

(36) — — Nouvelles observations sur l'évolution des neuroblastes, avec quelques remarques sur l'hypothèse neurogénétique de Hensen-Held. Anat. Anz. Bd. 32. 1908.

(37) — — L'hypothèse de Mr. Apáthy sur la continuité des cellules nerveuses entre elles. Anat. Anz. Bd. 33. 1908.

(38) Roux, Wilhelm. Der Kampf der Teile im Organismus. Leipzig 1881.

(39) — — Der züchtende Kampf der Teile oder „die Teilauslese“ im Organismus in: Roux, Gesammelte Abhandlungen über Entwicklungsmechanik der Organismen. Bd. II. 1895.

(40) Spemann, Hans. Zur Entwicklung des Wirbeltierauges. Zool. Jahrb. Bd. 32. Abt. f. allg. Zool. und Physiol. 1912.

(41) Soulié, A. Recherches sur le développement des capsules surrénales chez les vertébrés supérieurs. Journ. de l'anat. et phys. Année 39. und Thèse de Paris 1903.

(42) Weismann, August. Über die mechanische Auffassung der Natur. In: Studien zur Deszendenztheorie II. Leipzig 1876.

(43) — — Das Keimplasma, eine Theorie der Vererbung. Jena 1892.

(44) — — Die Allmacht der Naturzüchtung. Eine Erwiderung an Herbert Spencer. Jena 1893.

(45) — — Über Germinalselektion, eine Quelle bestimmt gerichteter Variation. Jena 1896.

(46) — — Vorträge über Deszendenztheorie. 3. Aufl. Jena 1913.

(47) Wolf, G. Entwicklungsphysiolog. Studien. I. Die Regeneration der Urodelenlinse. Arch. f. Entwicklungsmech. Bd. I. 1893.

VEREINIGUNG WISSENSCHAFTLICHER VERLEGER
WALTER DE GRUYTER & Co. BERLIN W 10 UND LEIPZIG.

Schriften der Straßburger Wissenschaftlichen Gesellschaft:

Heft 1: Der Papyrus Libbey. Ein ägyptischer Heiratsvertrag. Von *W. Spiegelberg.* Mit drei Tafeln in Lichtdruck. 4°. IV, 12 S. 1907. ℳ 4.—

Heft 2: Arabische Beduinenerzählungen: Arabischer Text. Von *Enno Littmann.* 4°. VII, 58 S. 1908. ℳ 8.—

Heft 3: Arabische Beduinenerzählungen: Übersetzung. Von *Enno Littmann.* Mit 16 Abbildungen im Text. 4°. XI, 57 S. 1908. ℳ 6.—

Heft 4: Die griechischen Martyrien. Rede, gehalten bei der ersten Jahresversammlung der Wissenschaftlichen Gesellschaft in Straßburg am 6. Juli 1907. Von *Albert Ehrhard.*

Mit Anhang: 1. Jahresbericht der Wissenschaftlichen Gesellschaft in Straßburg, erstattet bei der ersten Jahresversammlung am 6. Juli 1907 von ADOLF MICHAELIS. Mit dem Verzeichnis der Mitglieder der Gesellschaft. 4°. 30 und 8 S. 1907. ℳ 3.—

Heft 5: Studien zu Quintilians größeren Deklamationen. Von *R. Reitzenstein.* 4°. IV, 90 S. 1909. ℳ 9.—

Heft 6: Über die pseudoapostolischen Kirchenordnungen. Von *E. Schwartz.*

Mit Anhang: 2. Jahresbericht, erstattet am 4. Juli 1908 von ADOLF MICHAELIS. 3. Jahresbericht, erstattet am 3. Juli 1909 von THEOBALD ZIEGLER. Mit dem Verzeichnis der Mitglieder der Gesellschaft. 4°. IV, 40 und 15 S. 1910. ℳ 4.—

Heft 7: Bußstufen und Katechumenatsklassen. Von *E. Schwartz.* Lex. 8°. IV, 61 S. 1911. ℳ 3.50

Heft 8: Griechische Urkunden des Ägyptischen Museums zu Kairo. Von *Friedrich Preisigke.* Lex. 8°. VIII, 58 S. 1911. ℳ 3.20

Heft 9: Venezianisch-Istrische Studien. Von *Walter Lenel.* Mit 3 Tafeln in Lichtdruck. Lex. 8°. XV, 197 S. 1911. ℳ 10.50

Heft 10: Zur nordarischen Sprache und Literatur. Vorbemerkungen und vier Aufsätze mit Glossar. Von *Ernst Leumann.* Lex. 8°. VIII, 147 S. 1912. ℳ 9.60

Heft 11: Die juristische Persönlichkeit der standesherrlichen Familie. Von *Hermann Rehm.* Lex. 8°. VI, 76 S. 1911. ℳ 3.—

Heft 12: Burzōes Einleitung zu dem Buche Kalīla waDimna. Von *Theodor Nöldeke.* Lex. 8°. V, 27 S. 1912. ℳ 1.50

Heft 13: Ein Erbstreit aus dem ptolemäischen Ägypten. Von *Otto Gradenwitz, Friedrich Preisigke, Wilhelm Spiegelberg.* Mit vier Tafeln in Lichtdruck. Lex. 8°. VII, 62 S. 1912. ℳ 6.—

Heft 14: Das tausendjährige Jubiläum der deutschen Selbständigkeit. Rede, gehalten in der Wissenschaftlichen Gesellschaft zu Straßburg, am 1. Juli 1911. Von *Harry Bresslau.*

Mit Anhang: 4. u. 5. Jahresbericht, erstattet von THEOBALD ZIEGLER. Mit dem Verzeichnis der Mitglieder der Gesellschaft. Lex. 8°. III, 16 und 17 S. 1912. ℳ 1.20

Heft 15: Der Alexandersarkophag aus Sidon. Von *Franz Winter.* Format 57×50 cm. 18 Seiten Text und 18 Tafeln in Faksimile-Farben-Lichtdruck. 1912. In Mappe ℳ 120.—

Heft 16: Die standesherrliche Schiedsgerichtsbarkeit. Ihre Zulässigkeit und ihre Grenzen im heutigen Rechte. Denkschrift, im Auftrage des Vereins der deutschen Standesherren verfaßt von *Hermann Rehm.* Lex. 8°. V, 57 S. 1912. ℳ 2.40

Heft 17: Chemische Steuerungsvorgänge im Tierkörper. Rede, gehalten in der Wissenschaftlichen Gesellschaft zu Straßburg am 6. Juli 1912, von *Franz Hofmeister.*

Mit Anhang: 6. Jahresbericht, erstattet von HARRY BRESSLAU. Mit den Berichten der Herren E. Schwartz, F. Preisigke und O. Gradenwitz über die wissenschaftlichen Unternehmungen der Gesellschaft. Lex. 8°. III, 15 und 20 S. 1912. ℳ 1.20

Heft 18: Der Papyruscodex saec. VI—VII der Phillippsbibliothek in Cheltenham. Koptische theologische Schriften. Herausgegeben und übersetzt von *W. E. Crum.* Mit einem Beitrag: Zur literarhistorischen und theologischen Würdigung der Texte von *A. Ehrhard.* Lex. 8°. XVIII, 171 S. und 2 Lichtdrucktafeln. 1915. ℳ 15.—

Heft 19: Prinz-Joachim-Ostraka. Griechische und demotische Beisetzungsurkunden für Ibis- und Falkenmumien aus Ombos. Herausgegeben von *Friedrich Preisigke* und *Wilhelm Spiegelberg.* Lex. 8°. VIII, 69 S. 1914. Mit 4 Tafeln in Lichtdruck. ℳ 6.40

Schriften der Straßburger Wissenschaftlichen Gesellschaft:

(Fortsetzung von Seite 3 des Umschlags.)

Heft 20: Konzilstudien. I. Cassian und Nestorius. II. Über echte und unechte Schriften des Bischofs Proklos von Konstantinopel. Von *Eduard Schwartz*. Lex. 8°. V, 70 S. 1914. ℳ 3.60

Heft 21: Das Deutsche Observatorium in Spitzbergen. Beobachtungen und Ergebnisse. I. Herausgegeben von *H. Hergesell*. Lex. 8°. V, 65 S. 1914. Mit 10 Abbild. im Text, 8 Tafeln und 1 Karte. ℳ 6.—

Heft 22: Die Bevölkerung Mittelamerikas. Vortrag, gehalten in der Wissenschaftlichen Gesellschaft zu Straßburg am 22. November 1913, nachträglich erweitert und mit Anmerkungen versehen. Von *Karl Sapper*.

Mit Anhang: 7. Jahresbericht, erstattet von HARRY BRESSLAU. Mit dem Verzeichnis der Mitglieder der Gesellschaft. Lex. 8°. III, 32 und 10 S. 1914. ℳ 1.60

Heft 23: Elsässische Urkunden, vornehmlich des 13. Jahrhunderts, herausgegeben von *Alfred Hessel*. Mit einer Tafel in Lichtdruck. Lex. 8°. IV, 73 S. 1915. ℳ 4.50

Heft 24: Die Arthritis deformans als Allgemeinerkrankung. Von *G. Ledderhose* aus Straßburg. Lex. 8°. 40 S. 1915. ℳ 2.—

Heft 25: Von Zahlen und Zahlworten bei den alten Ägyptern und was für andere Völker und Sprachen daraus zu lernen ist. Ein Beitrag zur Geschichte von Rechenkunst und Sprache von *Kurt Sethe*. Mit drei Tafeln. Lex. 8°. VIII, 147 S. 1916. ℳ 14.—

Heft 26: Späte Vergeltung. Aus der Geschichte der Theodicee. Vortrag, gehalten in der Wissenschaftlichen Gesellschaft in Straßburg am 20. November 1915. Von *Erich Klostermann*.

Mit Anhang: 8. und 9. Jahresbericht, erstattet von HARRY BRESSLAU. Mit dem Verzeichnis der Mitglieder der Gesellschaft. Lex. 8°. V, 45 und 16 S. 1916. ℳ 2.40

Heft 27: Katalog der geschichtlichen Vulkanausbrüche. Von *Karl Sapper*. Lex. 8°. X, 358 S. 1917. ℳ 24.—

Heft 28: Die Ergebnisse der geologischen Forschungen in Elsaß-Lothringen und ihre Verwendung zu Kriegszwecken. Vortrag in der Mitgliederversammlung der Wissenschaftlichen Gesellschaft in Straßburg am 19. Februar 1916. Von *Leopold van Werveke*. Lex. 8°. V, 73 S. 1916. Mit 16 Zeichnungen und 1 Tafel. ℳ 4.—

Heft 29: Die Ebenbürtigkeitsfrage im Hause Croy. Von *Hermann Rehm*. Lex. 8° 30 S. 1916. ℳ 1.50

Heft 30: Die Inschrift von Skaptoparene in ihrer Beziehung zur Kaiserlichen Kanzlei in Rom. Von *Friedrich Preisigke*. Mit einer Schrifttafel. Lex. 8°. V, 79 S. 1917. ℳ 5.—

Heft 31: Die altgriechische Bühne. Von *August Frickenhaus*. Mit einer Beilage von *Eduard Schwartz*. Mit 29 Abbildungen und 3 Tafeln in Lichtdruck. Lex. 8°. VIII, 129 S. 1917. ℳ 16.—

Heft 32: Der Almanach perpetuum des Abraham Zacuto. Ein Beitrag zur Geschichte der Astronomie im Mittelalter von *Berthold Cohn*. Lex. 8°. V, 48 S. 1918. ℳ 5.—

Heft 33: Zur Pathologie und Physiologie des Durstes. Von *Erich Meyer*.

Mit Anhang: 10. und 11. Jahresbericht, erstattet von HARRY BRESSLAU. Mit dem Verzeichnis der Mitglieder der Gesellschaft. Lex. 8°. 23 und 24 S. 1918. ℳ 1.60

Heft 34: Zur Entstehung der Ilias. Von *Eduard Schwartz*. Lex. 8°. V, 40 S. 1918. ℳ 3.—

Heft 35: Das neue kirchliche Gesetzbuch — Codex Juris Canonici — seine Geschichte und Eigenart. Mit einem Anhang: Sammlung einschlägiger Aktenstücke. Von *August Knecht*. Lex. 8°. IV, 71 S. 1918. ℳ 3.—

Heft 36: Über die Pharmaka in der Ilias und Odyssee. Von *Oswald Schmiedeberg*. Lex. 8°. 29 S. 1918. ℳ 2.—

Heft 37: Provenzalische Studien I. Von *Oskar Schultz-Gora*. Lex. 8°. VIII, 103 S. 1919. ℳ 8.—

Zu den oben angegebenen Preisen tritt ein Verlegerteuerungszuschlag von 100%.